Juli 1956

Nachtrag

zur

Amtlichen Liste der Seeschiffe der Bundesrepublik Deutschland

mit

Unterscheidungssignalen

vom Jahre 1956

herausgegeben vom

Bundesminister für Verkehr

VERLAG WALTER DE GRUYTER & CO., BERLIN W 35, GENTHINER STR. 13

A. Nachtrag zur Liste der Kauffahrteischiffe (Abschnitt a)

1. Neueintragungen

a) In der Reihenfolge der Unterscheidungssignale / Funkrufzeichen

DCBO—DEGG

Seite	Unter-scheidungs-signale	Namen der Schiffe	Heimathafen der Schiffe	Kubikmeter Nettoraumgehalt	Registertons Nettoraumgehalt	PS
6/123	DCBO	Melior	Haren/Ems	235,5	83,12	290
8/110	*DCEE*	Gerhard Elfring	Haren/Ems	525,0	185,33	300
8/118	*DCER*	Juist	Emden	111,6	39,38	900
8/106	*DCFU*	Elisabeth Schulte+	Emden	4307,3	1520,46	2250
8/104	DCFW	Dele	Haren/Ems	532,3	187,91	340
9/105	DCGB	Edith I	Spetzerfehn	272,8	96,30	80
9/120	DCGS	Langeoog I	Langeoog	137,8	48,64	125
9/102	*DCHA*	Bürgermeister Diekmann	Emden	416,6	147,05	750
9/100	*DCHJ*	Atlantis	Norderney	309,8	109,36	600
9/112	DCHK	Hanna	Norderney	60,2	21,23	50
9/126	DCHM	Osterems	Greetsiel	16,4	5,80	120
9/115	*DCHT*	Hermann Akkermann	Borkum	50,3	17,74	120
9/133	DCHU	Thea	Warsingsfehn	61,6	28,80	36
9/107	*DCHW*	Emil Fox	Emden	416,6	147,05	750
20/107	DDLD	BSG 1	Brake	1147,0	404,90	—
20/109	*DDLE*	Franz Ohlrogge+	Brake	8556,2	3020,32	3600
20/102	DDLF	BSG 2	Brake	1178,1	415,87	—
26/131	*DEGE*	Stadthagen	Bremen	418,8	147,84	600
26/132	*DEGF*	Stolzenau	Bremen	418,8	147,84	600
26/124	*DEGG*	Minden	Bremen	418,8	147,84	600

DEGH — DILK

Seite	Unter-scheidungs-signale	Namen der Schiffe	Heimathafen der Schiffe	Kubikmeter (Nettoraumgehalt)	Registertons (Nettoraumgehalt)	PS
26/136	*DEGH*	Windheim.......	Bremen.........	418,8	147,84	600
26/125	DEGI	Nienburg........	Bremen.........	418,8	147,84	600
26/133	DEGJ	Thebe	Bremen.........	450,0	158,84	500
27/121	*DEQF*	Ludwig Schweisfurth ..	Bremerhaven	722,9	255,17	1000
27/98	*DEQL*	Albatros	Bremerhaven	743,3	262,37	1250
27/114	*DEQP*	Hein Mück......	Bremerhaven	416,5	147,01	760
27/105	*DEQS*	Dohrnbank......	Bremerhaven	754,4	266,30	1000
27/123	*DEQZ*	Max Sieghold....	Bremerhaven	1358,7	472,62	850
33/131	DFND	Sperber	Cuxhaven	27,3	9,62	120
33/120	DFNE	Land Hadeln	Otterndorf	887,2	313,19	490
34/114	*DFTR*	Helga Dehde	Stade...........	333,9	117,87	300
34/98	*DFTS*	Agricola	Osten...........	612,6	216,24	500
47/112	*DGTC*	Hamlet	Hamburg	3291,1	1161,75	990
47/110	*DGTE*	Georges M	Hamburg	6909,9	2439,20	2800
48/131	DGVD	Sintra	Hamburg	68,29	24,13	190
48/102	*DGVI*	Calliope.........	Hamburg	4022,11	1419,80	1250
49/117	*DGXF*	J. C. Ertel.......	Hamburg	4095,5	1445,73	1380
51/102	*DHBL*	Cap Verde+	Hamburg	15054,9	5314,36	7000
51/133	*DHCB*	Ubena..........	Hamburg	8104,6	2860,92	5340
53/103	*DHFI*	Charlotte Schmidt	Hamburg	1409,4	497,52	570
54/121	*DHGO*	Lucetta.........	Hamburg	460,2	162,47	300
54/129	*DHGU*	Robert Bornhofen+ ...	Hamburg	9614,6	3393,96	3800
54/134	*DHHQ*	Vormann Rass...	Hamburg	1874,8	661,79	800
55/133	*DHIK*	Tetuan	Hamburg	2365,6	835,06	1450
55/131	*DHIY*	Senior	Hamburg	4956,8	1749,74	1550
55/121	*DHJP*	Ludwigsburg+ ...	Hamburg	6831,9	2411,67	3600
56/102	*DHKO*	Cap Ortegal	Hamburg	10085,6	3560,23	7200
56/124	DHKR	Mobil Oil	Hamburg	88,8	31,34	90
56/125	*DHKX*	Nordenham+	Hamburg	2102,2	742,00	1000
57/106	*DHNY*	Elbstrom........	Hamburg	555,3	196,03	300
59/128	*DHRJ*	Porto+	Hamburg	2383,0	841,21	1470
59/133	*DHRQ*	Transontario	Hamburg	2150,0	758,96	1400
62/107	DIDW	Energie.........	Hamburg	99,7	35,19	90
62/121	*DIEC*	Lucie Vollmers ..	Hamburg	983,1	347,02	430
65/133	*DIJN*	Trotzenburg.....	Hamburg	602,4	212,65	450
65/111	DIKR	Greif	Hamburg	168,7*	59,57*	300
65/102	*DILA*	Borkum.........	Hamburg	1470,7	519,15	1100
65/116	*DILB*	Hinrich Peters...	Hamburg	1936,2	683,47	650
65/120	*DILC*	Leabeth+	Hamburg	4085,6	1442,23	1680
65/131	*DILD*	Selma Nimtz	Hamburg	3622,5	1278,74	3800
65/98	*DILE*	Ammerland	Hamburg	16551,9	5848,74	4100
65/134	*DILF*	Usaramo........	Hamburg	8103,6	2860,58	5335
65/134	*DILG*	Usambara+	Hamburg	12810,6	4522,14	5000
65/102	*DILH*	Cap Finisterre+ .	Hamburg	14989,2	5291,17	7200
65/106	*DILI*	Eilenburg	Hamburg	530,0	187,09	300
65/120	*DILJ*	Krefeld	Hamburg	5037,5	1778,23	4200
65/120	DILK	Kuhwerder......	Hamburg	69,9	24,66	850

* = Bruttoraumgehalt

DILL—DKJQ

Seite	Unterscheidungssignale	Namen der Schiffe	Heimathafen der Schiffe	Kubikmeter Nettoraumgehalt	Registertons Nettoraumgehalt	PS
65/113	*DILL*	Hedwigshütte....	Hamburg	14394,7	5081,32	2500
65/131	*DILM*	Sleipner II	Hamburg	670,1	263,53	460
65/108	*DILN*	Fairwind+	Hamburg	5335,5	1883,42	2000
65/115	DILO	Helmuth Hardekopf	Hamburg	156,1	55,11	120
65/127	*DILP*	Parthenon.......	Hamburg	4095,5	1445,70	4670
65/102	*DILQ*	Bökelnburg......	Hamburg	962,6	339,78	430
65/100	*DILR*	August Thyssen..	Hamburg	11927,0	4210,23	2500
65/100	*DILS*	Augusta	Hamburg	446,5	157,61	180
65/121	*DILT*	Lissabon+	Hamburg	7768,5	2742,27	3340
65/116	*DILU*	Holsten.........	Hamburg	3850,0	1359,07	1850
65/127	*DILV*	Passajes+	Hamburg	2391,0	844,03	1470
65/129	DILW	Rudolf Karstens.	Hamburg	426,7	150,63	300
65/126	*DILX*	Ortrud Müller ...	Hamburg	1626,2	574,04	1000
65/106	*DILY*	Elbe...........	Hamburg	6057,8	2138,41	2700
65/115	*DILZ*	Hilda Wesch+ ..	Hamburg	3097,7	1093,47	1250
65/105	DIMA	Dithmarschen ...	Hamburg	671,3	276,96	300
65/105	*DIMB*	Ebba Blumenfeld	Hamburg	5533,2	3365,23	3400
65/112	DIMC	Hanna Dreier....	Hamburg	671,8	237,13	300
65/120	DIMD	Klaus Buck	Hamburg	513,3	181,21	300
65/135	*DIME*	Westfalen+......	Hamburg	14778,5	5216,81	6750
69/136	DIYX	Wotan..........	Glückstadt	375,5	132,56	600
69/116	*DIYY*	Hödur	Glückstadt	375,5	132,56	600
69/128	DIZA	Quellental	Pinneberg.......	84,7	29,88	—
70/128	*DJBG*	Pollux	Flensburg		1659,00	2000
70/125	*DJBU*	Neptun+........	Flensburg	7398,8	2611,78	2400
70/105	*DJBK*	Edith N.-Christophersen.	Flensburg	1311,4	462,92	860
70/121	*DJBX*	Liselotte	Flensburg	695,0	245,33	700
70/129	*DJBQ*	Rimberg	Flensburg	1769,3	625,21	1000
70/124	DJEA	Mars	Büsum	16,0	5,65	60
70/124	*DJEB*	Miranda	Büsum	451,3	159,32	300
77/104	*DJQE*	Clemens Sartori..	Kiel	3820,8	1348,76	1800
77/104	*DJQG*	Claus Grimbart ..	Kiel	909,3	320,97	1000
77/106	DJQY	Ellerbek	Kiel	203,2	71,73	190
78/115	DJSB	Hermann Tiessen.	Kiel	138,1	48,75	120
78/129	DJSP	Sabine..........	Kiel	24,9	8,81	120
79/103	*DJWA*	Catharina Oldendorff+	Lübeck	13460,6	4751,60	5340
81/108	*DKAC*	Fjordmöwe......	Lübeck-Travemünde...	2221,6	724,23	2000
81/133	*DKAL*	Tete Oldendorff..	Lübeck	1523,7	537,86	600
82/124	*DKCH*	Möwe III	Lübeck-Travemünde...	1986,0	701,05	1000
82/132	*DKCI*	Südheide........	Niendorf	92,9	32,80	300
83/131	*DKFL*	Stadt Essen	Rendsburg	951,2	335,76	500
84/131	*DKJH*	Senator Possehl+.	Lübeck	14703,7	5190,41	5340
84/103	*DKJK*	Carina..........	Lübeck	2436,6	860,13	810
84/100	*DKJQ*	Antje von Sylt ..	Neustadt/Holst...	60,7	21,43	120

DJKL—DLCO						
Seite	Unterscheidungssignale	Namen der Schiffe	Heimathafen der Schiffe	Kubikmeter (Nettoraumgehalt)	Registertons (Nettoraumgehalt)	PS
85/106	*JKLA*	Eibe Oldendorff..	Lübeck	9513,6	3358,29	4180
87/131	*DLBX*	Star+...........	Bremen	1220,2	430,75	590
87/125	*DLBY*	Nora Hugo Stinnes	Bremen	4385,8	1548,17	2300
87/108	*DLBZ*	Eva-Maria+	Bremen	1496,0	528,09	1000
87/125	*DLCA*	Neuenfels	Bremen	12716,7	4488,99	5600
87/103	*DLCB*	Carl Meentzen+..	Bremen	4509,5	1591,87	2000
87/100	*DLCC*	Anny	Bremen	111,3*	39,28*	450
87/126	*DLCD*	Ockenfels	Bremen	12713,4	4487,85	5660
87/108	*DLCE*	Falkental	Bremen	4055,0	1431,41	4320
87/100	*DLCF*	Arsterturm	Bremen	2601,5	918,33	1200
87/108	*DLCG*	Fangturm	Bremen	4281,7	1511,44	1200
87/135	*DLCH*	Wesertal	Bremen	5156,7	1820,32	4320
87/116	*DLCI*	Hille Oldendorff..	Bremen	3641,0	1285,28	2300
87/128	*DLCJ*	Prudentia	Bremen	1724,8	608,86	1050
87/115	*DLCK*	Hemelingen+....	Bremen	1816,8	641,32	1000
87/198	*DLCL*	Alioth	Bremen	2560,6	903,88	2100
87/101	*DLCM*	Auriga..........	Bremen	2432,5	858,69	1200
87/128	*DLCN*	Rheinfels	Bremen	13792,0	4868,56	2100
87/103	*DLCO*	Charlotte Bastian	Bremen	1594,1	562,72	1000

b) In alphabetischer Reihenfolge der Namen

Unterscheidungssignale	Namen der Schiffe	Heimathafen der Schiffe
DFTS	Agricola	Osten ....
DEQL	Albatros........................	Bremerhaven ....
DLCL	Alioth	Bremen ....
DILE	Ammerland	Hamburg ....
DLCC	Anny	Bremen ....
DKJQ	Antje von Sylt................	Neustadt/Holst. ....
DLCF	Arsterturm	Bremen ....
DCHJ	Atlantis........................	Norderney ....
DILS	Augusta	Hamburg ....
DILR	August Thyssen..............	Hamburg ....
DLCM	Auriga	Bremen ....
DILQ	Bökelnburg	Hamburg ....
DILA	Borkum	Hamburg ....
DCHA	Bürgermeister Diekmann.........	Emden ....
DDLD	BSG 1	Brake ....
DDLF	BSG 2	Brake ....
DGVI	Calliope	Hamburg ....
DILH	Cap Finisterre	Hamburg ....
DHKO	Cap Ortegal	Hamburg ....
DHBL	Cap Verde	Hamburg. ....
DKJK	Carina	Lübeck ....
DLCB	Carl Meentzen	Bremen ....
DJWA	Catharina Oldendorff	Lübeck ....

* = Bruttoraumgehalt.

Unterscheidungssignale	Namen der Schiffe	Heimathafen der Schiffe
DLCO	Charlotte Bastian	Bremen
DHFI	Charlotte Schmidt	Hamburg
DJQG	Claus Grimbart	Kiel
DJQE	Clemens Sartori	Kiel
DCFW	Dele	Haren/Ems
DIMA	Dithmarschen	Hamburg
DEQS	Dohrnbank	Bremerhaven
DIMB	Ebba Blumenfeld	Hamburg
DCGB	Edith I	Spetzerfehn
DJBK	Edith N.-Christophersen	Flensburg
DKLA	Eibe Oldendorff	Lübeck
DILI	Eilenburg	Hamburg
DILY	Elbe	Hamburg
DHMY	Elbstrom	Hamburg
DCFU	Elisabeth Schulte	Emden
DJQY	Ellerbek	Kiel
DCHW	Emil Fox	Emden
DIDW	Energie	Hamburg
DLBZ	Eva-Maria	Bremen
DILN	Fairwind	Hamburg
DLCE	Falkental	Bremen
DLCG	Fangturm	Bremen
DKAC	Fjordmöwe	Lübeck-Travemünde
DDLE	Franz Ohlrogge	Brake
DGTE	Georges M.	Hamburg
DCEE	Gerhard Elfring	Haren/Ems
DIKR	Greif	Hamburg
DGTC	Hamlet	Hamburg
DCHK	Hanna	Norderney
DIMC	Hanna Dreier	Hamburg
DILL	Hedwigshütte	Hamburg
DEQP	Hein Mück	Bremerhaven
DFTR	Helga Dehde	Stade
DILO	Helmuth Hardekopf	Hamburg
DLCK	Hemelingen	Bremen
DCHT	Hermann Akkermann	Borkum
DJSB	Hermann Tiessen	Kiel
DILZ	Hilda Wesch	Hamburg
DLCI	Hille Oldendorff	Bremen
DILB	Hinrich Peters	Hamburg
DIYY	Hödur	Glückstadt
DILU	Holsten	Hamburg
DGXF	J. C. Ertel	Hamburg
DCER	Juist	Emden
DIMD	Klaus Buck	Hamburg
DILJ	Krefeld	Hamburg
DILK	Kuhwerder	Hamburg
DFNE	Land Hadeln	Otterndorf
DCGS	Langeoog I	Langeoog
DILC	Leabeth	Hamburg
DJBX	Liselotte	Flensburg

Unterscheidungssignale	Namen der Schiffe	Heimathafen der Schiffe
DILT	Lissabon	Hamburg
DHGO	Lucetta	Hamburg
DIEC	Lucie Vollmers	Hamburg
DHJP	Ludwigsburg	Hamburg
DEQF	Ludwig Schweisfurth	Bremerhaven
DJEA	Mars	Büsum
DEQZ	Max Sieghold	Bremerhaven
DCBO	Melior	Haren/Ems
DEGG	Minden	Bremen
DJEB	Miranda	Büsum
DHKR	Mobil Oil	Hamburg
DKCH	Möwe III	Lübeck-Travemünde
DJBU	Neptun	Flensburg
DLCA	Neuenfels	Bremen
DEGI	Nienburg	Bremen
DLBY	Nora Hugo Stinnes	Bremen
DHKX	Nordenhan	Hamburg
DLCD	Ockenfels	Bremen
DILX	Ortrud Müller	Hamburg
DCHM	Osterems	Greetsiel
DILP	Parthenon	Hamburg
DILV	Passajes	Hamburg
DJBG	Pollux	Flensburg
DHRJ	Porto	Hamburg
DICJ	Prudentia	Bremen
DIZA	Quellental	Pinneberg
DLCN	Rheinfels	Bremen
DJBQ	Rimberg	Flensburg
DHGU	Robert Bornhofen	Hamburg
DILW	Rudolf Karstens	Hamburg
DJSP	Sabine	Kiel
DILD	Selma Nimtz	Hamburg
DKJH	Senator Possehl	Lübeck
DHIY	Senior	Hamburg
DGVD	Sintra	Hamburg
DILM	Sleipner II	Hamburg
DFND	Sperber	Cuxhaven
DKFL	Stadt Essen	Rendsburg
DEGE	Stadthagen	Bremen
DLBX	Star	Bremen
DEGF	Stolzenau	Bremen
DKCI	Südheide	Niendorf
DKAL	Tete Oldendorff	Lübeck
DHIK	Tetuan	Hamburg
DCHU	Thea	Warsingsfehn
DEGJ	Thebe	Bremen
DHRQ	Transontario	Hamburg
DIJN	Trotzenburg	Hamburg
DHCB	Ubena	Hamburg
DILG	Usambara	Hamburg
DILF	Usaramo	Hamburg

Unter-scheidungs-signale	Namen der Schiffe	Heimathafen der Schiffe
DHHQ	Vormann Rass	Hamburg
DLCH	Wesertal	Bremen
DIME	Westfalen	Hamburg
DEGH	Windheim	Bremen
DIYX	Wotan	Glückstadt

2. Streichungen

DABF—DGEV

Seite	Unter-scheidungs-signale	Namen der Schiffe	Heimathafen der Schiffe
1/ 98	DABF	Alice Freymann	Hamburg
1/103	DACH	Carl J. Busch	Cuxhaven
2/108	DADR	Feuerland	Büsum
3/131	DAJY	Senator Sachse	Cuxhaven
5/131	DANZ	Senior von Sonnenkamp	Bremen
6/ 98	DCBO	Aline	Dornumersiel
8/104	DCDZ	Dede	Leer
8/104	DCEE	Diana	Terborg/Ems
8/106	DCER	Einigkeit	Hamburg
8/107	DCFO	Erika	Leer
9/111	DCHP	Gondel	Westeraccumersiel
9/110	DCHA	Georg	Meppen
10/118	DCJX	Johanne	Friedrichsschleuse
10/119	DCKJ	Karl	Neuharlingersiel
11/123	DCMK	Mecheline	Ditzum
11/124	DCMZ	Möwe	Ostrhauderfehn
13/136	DCRY	Zukunft	Greetsiel
13/136	DCSB	Zwei Gebrüder	Ditzum
14/106	DCTB	Elisabeth	Leer
15/110	DCWG	Friedrich	Rhaudermoor
16/114	DCWR	Gertrud	Leer
18/112	DDGM	Hannelore	Leer
20/106	DDNQ	Else Sieg	Flensburg
24/110	DECQ	Gedania	Hamburg
137/138	DEPZ	Südheide	Bremerhaven
28/126	DERV	Odin	Bremerhaven
30/129	DFAS	Rogge 9	Bremerhaven
30/104	DFAT	Cornelia Siegholt	Bremerhaven
30/108	DFFY	Falke	Cuxhaven
31/116	DFHG	Hüxter	Cuxhaven
31/120	DFHV	Kehrwieder	Dorum
36/109	DFYM	Frankfurt	Bremen
37/ 97	DGAN	Adler	Hamburg-Altenwerder
38/ 98	DGBQ	Amalie	Laboe
38/100	DGDD	Astarte	Hamburg
39/103	DGER	Carl Rehder	Hamburg
39/103	DGEV	Catharina	Hamburg-Altenwerder

DGGS—DMDR

Seite	Unterscheidungssignale	Namen der Schiffe	Heimathafen
40/113	DGGS	Haru	Hamburg
41/107	DGHV	Emma	Hamburg-Altenwerder
45/116	DGQH	Hinrich Peters	Hamburg
45/124	DGQL	Mignon	Hamburg
46/118	DGRQ	Johanna	Hamburg
47/119	DGTA	Karl	Hamburg
47/121	DGUD	Lisa	Hamburg
47/131	DGSR	Sibylle	Flensburg
48/122	DGVJ	Maria	Hamburg-Finkenwerder
48/123	DGVY	Marie	Hamburg
50/127	DGZE	Palme	Hamburg
50/129	DHAK	Samoa	Hamburg
52/135	DHDX	Wilhelmine	Hamburg
54/117	DHGV	Ilmenau	Lübeck
55/122	DHJY	Maria Schröder	Hamburg
56/136	DHKZ	Zuversicht	Hamburg
56/129	DHLD	Robert Eckelmann	Hamburg
59/103	DHRY	Christine	Hamburg
60/113	DIAX	Hans	Hamburg
60/108	DIBG	Evelin	Hamburg
60/116	DIBN	Idol	Hamburg
62/112	DIDZ	Halleberg	Hamburg
63/103	DIGM	Caroline	Hamburg
64/102	DIHS	Bugsier 14	Hamburg
64/131	DIHX	Stade	Hamburg
66/107	DISE	Emma Johanna	Uetersen
67/118	DITQ	Johanna	Friedrichskoog
68/ 98	DIXA	Amanda	Friedrichskoog
70/135	DJBY	Walküre	Flensburg
71/ 98	DJEB	Alma-Helene	Büsum
71/ 97	DJDU	Adler	Büsum
71/102	DJEP	Bussard	Husum
72/105	DJFH	Dorothea	Büsum
72/108	DJFX	Forelle	Büsum
72/114	DJGT	Heimatland	Husum
73/121	DJHY	Leonore	Pellworm
74/125	DJJF	Nordfriesland	Husum
74/136	DJKJ	Wilhelmine Lass	Büsum
76/102	DJNS	Bruno Grammerstorf	Kiel
76/113	DJON	Hans-Johann	Rendsburg
77/ 98	DJRW	Amrum	Hamburg
78/103	DJSF	Castor	Kiel
78/120	DJTU	Lab. 111	Cuxhaven
78/128	DJUJ	Pollux	Kiel
80/129	DJXK	St. Georg	Hamburg
80/125	DJZH	Neptun	Niendorf
82/118	DKDQ	Jonny II	Heiligenhafen
82/113	DKDU	Hasselburg	Hamburg
87/136	DMDR	Xarifa	Hamburg

3. Sonstige Veränderungen*)

DADI—DHHC

Seite	Unterscheidungssignale	Namen		Heimathafen
		der Schiffe		
2/111	DADI	Gesine Müller	**Peine**	Cuxhaven
2/107	DADO	Essen		**Itzehoe**
3/122	DAHC	Main	**Hugo Heimke Schütt**	**Itzehoe**
3/128	DAHK	Rebecka Müller	**Heidenheim**	Cuxhaven
3/125	DAHS	Neptun		**Brake**
3/117	DAID	Jakob Müller	**Ulm**	Cuxhaven
3/127	DAIP	Ostpreußen	**Stella Maris**	Emden
5/123	DAOY	Martin Mewes	**Göttingen**	**Cuxhaven**
8/105	DCEK	Dorothea Siemering		**Hamburg**
10/118	DCJT	Johanna		**Ostgrossefehn**
11/124	DCMQ	Meteor		**Bensersiel**
20/135	DDKX	Walter		**Bremen**
20/128	DDLC	Regine	**Regine Ohlrogge**	Brake
20/108	DDNP	Feronia	**Harburg**	**Hamburg**
21/131	DDOX	Sleipner II	**Esdörp**	Hamburg
23/120	DDUW	Lahneck	**Imkenturm**	Bremen
24/132	DEBU	Stahleck	**Katenturm**	Bremen
29/129	DETH	Rolano		**Cuxhaven**
32/102	DFLI	Butendiek		**Haffkrug**
33/127	DFNG	Otto F. C. Bertram	**Borkum**	Cuxhaven
33/108	DFMH	Finkenwärder	**Friedrichshafen**	Cuxhaven
33/122	DFMT	Margaretha Müller	**Lörrach**	Cuxhaven
33/103	DFMY	Catharina Müller	**Andernach**	Cuxhaven
34/101	DFVC	Bertha		**Hamburg**
40/104	DGGB	Diamant		**Neustadt/Holst.**
42/108	DGJF	Fairplay VI	**Ranghild**	Hamburg
42/108	DGJM	Fairplay XVI	**Mabel Violet**	Hamburg
44/113	DGNW	Hans und Grete		**Helgoland**
45/ 97	DGOU	Aeolus	**Hans-Heino**	**Krautsand**
45/114	DGOV	Heinz-Helmut	**Lotte Nagel**	**Krautsand**
45/119	DGQG	Käte Boll		**Duisburg-Ruhrort**
45/115	DGPQ	Herma		**Kiel**
45/117	DGPV	J. C. Ertel	**Hansestadt Lübeck**	Hamburg
46/117	DGQU	Ingeborg		**Osten**
48/123	DGWE	Marie Steffens	**Breiholz**	**Rendsburg**
50/127	DGZH	Peter		**Warsingsfehn**
51/131	DHBH	Silvana	**Käte Hinz**	Hamburg
51/132	DHBS	Steinburg	**Trude**	**Rendsburg**
51/130	DHAQ	Schwalbe		**Hamburg**
52/134	DHDM	Urania		**Osten**
52/136	DHDZ	Wilida		**Kiel**
53/127	DHFY	Paul J. Müller	**Norderney**	**Cuxhaven**
53/100	DHFZ	Artus	**Transmichigan**	Hamburg
54/133	DHGG	Ulmbrüder 3	**Cormoran II**	Hamburg
54/134	DHHC	Virgilia	**Seevogel**	Hamburg

*) Die Veränderungen sind durch fetten Druck gekennzeichnet.

DHHE—DLCP

Seite	Unter-scheidungs-signale	Namen der Schiffe		Heimathafen
54/133	DHHE	Ulmbrüder 5	**Christa Köncke**	Hamburg
54/105	DHHL	Dörte II		**Flensburg**
54/116	DHHW	Hugo	**Anita Hauschildt**	Hamburg
54/100	DHHZ	Asgard	**Transerie**	Hamburg
56/103	DHLV	Claire Hugo Stinnes	**Else Hugo Stinnes**	Hamburg
57/105	DHMM	Ebba Blumenfeld	**Manfred Stansfield**	Hamburg
57/129	DHOF	Röpkesin	**Neuwerk**	Hamburg
59/134	DHQW	Ulmbrüder 7	**Oste I**	Hamburg
60/114	DIAC	Helga	**Helga Bolten**	Hamburg
60/134	DIAF	Ulmbrüder 8	**Schwinge I**	Hamburg
70/110	DJAQ	Fritz Jürgen	**Seestern II**	Kiel
71/115	DJDP	Hera	**Johann Ahlers**	Hamburg
73/123	DJIO	Martha		**Hamburg**
77/100	DJRN	Atlantic	**Biomaris-Atlantic**	**Bremen**
78/103	DJSA	Carl Sifferlien	**Einigkeit**	**Neufeld**
78/126	DJSE	Nordmeer		**Neustadt/Holst.**
78/131	DJUS	Spüler III	**Spüler Friedrich**	Rendsburg
79/117	DJWQ	Ilse Feldmann	**Käthe Heisler**	Heiligenhafen
82/121	DKDW	Lübeck	**Wickede**	Lübeck
82/102	DKEO	Europa II		**Kappeln/Schlei**
83/128	DKGM	Prof. Hensen	**Donar**	**Lübeck**
83/128	DKGN	Prof. Henking	**Berta Kienass**	**Rendsburg**
87/131	**DLCP**	Seven Seas		Bremen

B. Nachtrag zur Liste der Bundes- und Länderfahrzeuge (Abschnitte c, e und f)

Seite	Unterscheidungssignale	Namen der Schiffe	Art der Schiffe	Heimathafen der Schiffe	PS
		1. Zugänge			
89	DLYS	Geier *R*	...	Bremerhaven	—
92	DBFP	Frithjof	Fischereischutzboot	Cuxhaven	—
93	DBGI	Trischen	Schlepper	Husum	56
93	DBGJ	Hecht *T*	Fischereiaufsichtsboot	Hörnum	36
94	DBJL	Stickersgatt	Peilboot	Cuxhaven	100
94	DBQF	Fehmarn	Streifenboot	Kiel	500
94	DBQN	Präsident Herwig	Motorboot	Büsum	270/300
94	DBQV	MS 34	Transportschute	Cuxhaven	40
		2. Streichungen			
89	DLVT	Blitz	—	Bremerhaven	—
89	DLVU	Falke	—	Bremerhaven	—
91	DBBV	Frithjof	—	Cuxhaven	—
94	DBQF	Venus	—	Flensburg	—

3. Sonstige Änderungen

Seite	Geographisches Signal der Feuerschiffstation	Internationales Unterscheidungssignal beim Verlassen der Feuerschiffstation	Namen der Schiffe	
95	ABZN	**DBPI**	J/E 3 (Borkumriff)	z Ⓩ T Ⓕ
		DBBD	Außeneider	**Reserve Holtenau**
		DBBE	Reserve Außenjade	**Reserve Wilhelmshaven**
		DBBG	J/E 3 Borkumriff	**Reserve Emden**

FSC
www.fsc.org
MIX
Papier | Fördert
gute Waldnutzung
FSC® C083411

Kolibri 360 GmbH
Ferdinand-Jühlke-Straße 7
99095 Erfurt, Deutschland
produktsicherheit@kolibri360.de